少年宝藏团—著绘

不可思议的

大国重器

超级工程

中信出版集团 | 北京

图书在版编目（CIP）数据

不可思议的大国重器．超级工程 / 少年宝藏团著绘
．— 北京：中信出版社，2022.9（2023.6重印）
ISBN 978-7-5217-4590-0

Ⅰ．①不… Ⅱ．①少… Ⅲ．①科技成果－中国－少儿
读物②重大建设项目－概况－中国－少儿读物 Ⅳ．
①N12-49 ② F282-49

中国版本图书馆 CIP 数据核字 (2022) 第 142664 号

不可思议的大国重器：超级工程

著 绘 者：少年宝藏团
出版发行：中信出版集团股份有限公司
　　　　　（北京市朝阳区东三环北路 27 号嘉铭中心　邮编　100020）
承 印 者：北京联兴盛业印刷股份有限公司

开　　本：880mm × 1230mm　1/16		印　　张：6	字　　数：120 千字
版　　次：2022 年 9 月第 1 版		印　　次：2023 年 6 月第 16 次印刷	
书　　号：ISBN 978-7-5217-4590-0			
定　　价：32.00 元			

出　　品：中信儿童书店
图书策划：神奇时光
总 策 划：韩慧琴
策划编辑：徐晨耀　刘颖　李欣一
责任编辑：李跃娜
营销编辑：张琛　胡宇泊　孙雨露
装帧设计：姜婷　韩莹莹
排　　版：晴海国际文化

把好故事讲给新时代的好少年

地球上生活过很多种古人类。当然，包括人类的祖先——智人。

长期以来，人们有个疑问：无论是体格，还是脑容量，智人都没有明显优势，为什么是这个种群笑到了最后？

以色列历史学家尤瓦尔·赫拉利，在《人类简史》中给出了一个让人着迷的观点：人类之所以能够超越其他物种建立文明，一个重要的原因，就是拥有"讲故事"的能力。从这个意义上讲，每个现代人的身上都流淌着"故事"的基因。

这里，我向同学们推荐的"不可思议的大国重器"系列，正是一套精彩的故事书，共分四册。

在第一册《不可思议的大国重器：太空勇士》里，你能看到中国空间站的巡天故事，"嫦娥姐妹"的探月故事，天问一号的火星故事。

在第二册《不可思议的大国重器：超能英雄》里，你能看到奋斗者号载人潜水器勇闯深渊的故事，中国天眼凝望太空的故事，天鲲号挖泥造岛的故事。

在第三册《不可思议的大国重器：民生科技》里，你能看到中国高铁复兴号科技创新的故事，九章量子计算机"神机妙算"的故事，蓝鲸一号钻井平台海底探宝的故事。

在第四册《不可思议的大国重器：超级工程》里，你能看到南水北调的故事、西气东输的故事、"电力天路"的故事、港珠澳大桥的建造故事……

你会发现，一个故事就是浪花一朵，浪花来自中华民族伟大复兴的澎湃大潮；一个故事就是幼苗一株，幼苗根植于伟大祖国繁荣昌盛的万里沃野。

新时代的少年，是从小就平视世界的一代人，是民族自豪感、荣誉感极强的一代人，是有幸见证、亲手实现中华民族伟大复兴的一代人。

习近平总书记对青少年寄予了殷切厚望，希望同学们"保持对知识的渴望，保持对探索的兴趣"。他寄语全国各族少年儿童，从小学习做人，从小学习立志，从小学习创造。

教育下一代、培养接班人的事业，新闻工作者一定要添一把柴，出一份力。这既是践行总书记嘱托的责任所在，也是文化人的使命担当。新闻是正在发生的历史，那么新闻故事，在教育意义上讲，正是鲜活生动的思政教材。

河南广播电视台旗下的《阳光少年报》，专门为小学生创作新闻故事。无论是社会时事还是人文科技，无论是国内大事还是国际热点……他们用一个个故事，做出了孩子们爱吃的"营养餐"，成为学校和家长信赖的"资源库"。他们善于娓娓道来，为宏大的命题找到充满童趣的切口，把时代的强音变为孩子们看得懂的文字。

本书的作者，正是《阳光少年报》的主创团队——少年宝藏团。

习近平总书记多次强调，大国重器一定要掌握在自己手里。少年宝藏团谨记总书记谆谆嘱托，潜心创作，反复打磨，才有了这套"不可思议的大国重器"。

我相信，通过这套书，孩子们能在一个个妙趣横生的故事中，一边感受现代科技的非凡魅力，了解中国在新时代取得的伟大成就，一边滋养丰富自己的想象力，在心灵深处埋下多彩梦想的种子。

从物理学角度讲，世界是由基本粒子组成的，而在少年儿童的眼里，世界是由各式各样的"为什么"组成的。

好问题是进步的阶梯，好故事是一生的营养。

2014 年 5 月 30 日，习近平总书记来到北京市海淀区民族小学，看到学生们正在书写古训警句。书法老师请总书记为"中国梦"点上最后一笔。总书记对孩子们说，中国梦要靠你们来实现，"两个一百年"要靠你们接力奋斗，还是你们来点这一笔吧。

这一笔，寄托着大国领袖对祖国未来的殷切期望。

希望少年宝藏团，也能为"这一笔"贡献一份新闻人的力量，把更多好故事讲给新时代的好少年，陪他们一起见证中华民族伟大复兴的光辉历程！

河南广播电视台 台长

王仁海

为什么要讲大国重器?

让少年了解大国重器，是"科普"与"德育"的绝佳结合。

大国重器身怀绝技，天生就是"超级偶像"，足以召唤出少年向上生长的力量。大国重器是新时代的强音，读懂它们，少年的心就与时代的脉搏同频共振。

但是，这些看似"高冷"的大家伙，如何让孩子读懂？

我们有"超能力"。因为，我们是少年宝藏团，一群专门为孩子写作的人。

我们的成员，大多曾在主流媒体担任记者、编辑10年以上。我们还经历了长达数年的儿童写作专业训练。我们懂孩子，更懂得用文字与孩子交朋友，让他们爱上阅读。

所以，在这套书里，大国重器一个个超好看。

我们挖空心思，把孩子们需要了解的背景、建设过程、所用科技、道理，全都糅进了有趣的故事里。这样，又大又重的大家伙，仿佛变得又轻又巧又有趣；高深莫测的高科技，孩子们读得进、好消化。

我们还创作了一套又萌又帅的卡通形象。没错，大国重器，也可以有血有肉！它们也需要学习、挑战、成长，有着自己的烦恼和悲伤。

大国重器的故事里，还藏着做人的道理。我们一个个提炼出来，变成了"心灵宝卡"，等着孩子来寻宝。

这套书，是礼物，也是祝福。愿少年的见识，广博如大海；愿少年的胸怀，开阔如星空。

少年宝藏团 总编辑

赵洪涛

假如有一台时光机

亲爱的小读者，你听说过钻木取火和大禹治水的故事吗？

在故事中，燧人氏钻木取火，给人们带来了光明和温暖；大禹治水，让人们不再遭受水患侵扰。

他们改变了人们的生活。所以，他们的故事被传诵至今。

如果有一台时光机，带燧人氏和大禹穿越到现在，你猜会怎样？

他们一定会惊呆的——

人们不再只靠火来照明和取暖啦！

人们用阳光、水、风变出电，还能送到万里之外，让千家万户亮起来、暖起来。

人们开发利用了长江，还能让水跑上几千里，到缺水的北方地区……

人们逢山开路。铁路上高原、进大山，千里只需大半天。

人们遇水架桥。桥梁跨山海、跃江河，天堑也能变通途。

…………

没错，如今的中国，超级工程一个接一个。它们改变着人们的生活，全世界都为之瞩目。

这本书的主角，正是这些不可思议的超级工程。

它们的故事，就像中国现代版神话，也将被中华民族一代代传诵下去。

少年宝藏团 主笔

王琛

少年宝藏团 主笔

任璐

少年宝藏团 主笔

王伟

目录

第一章
水利工程造福千万家

水是生命之源，

但偶尔也会发脾气。

它发怒时，淹没房子和庄稼；

它藏起来时，万物没了生机。

伟大的中国，建成了伟大的工程，

让喜怒无常的水，

不仅能乖乖听话，还能造福人们。

三峡工程

大国重器小档案

姓名 长江三峡工程

身份 世界上规模最大的水利枢纽工程

建设时间 1994 年开工，2020 年建设任务全面完成

本领 挡住洪水、发电、航运和灌溉等

大家好，我是三峡工程。也许，你早就听说过我吧？作为中国的水利工程，我早已世界闻名！不过，光知道我的名字可不行，我的故事一定得好好听听！

追寻百年的梦——三峡工程终建成

洪水的暴脾气

长江是中国第一大河。

它从青藏高原蜿蜒而下，穿高山，越平原，奔向东海。

自古以来，长江滋养着两岸人民。

但是，它也时常显露出暴虐的一面。

一旦形成洪水，它就会冲毁庄稼和房子，给人们带来灾难。

100多年前，人们就想，如果能在长江上建一座水电站该多好，不仅能驯服洪水，还能把江水的巨大能量变成电。

但当时的中国，贫穷落后，内忧外患，根本没能力修建这么宏伟的工程。

让长江造福人民的梦想，只能暂时搁置。

半世纪缜密设计

中华人民共和国成立后，毛泽东主席进一步为三峡工程的建设，勾画蓝图。

三峡工程再次被提上日程。

改革开放后，我们的国力越来越强。

国务院组织400多位专家，对三峡工程进行了全面论证。

大多数专家认为，技术上没问题。

经过半个世纪的探索与努力，中国的建设者终于为三峡工程设计好了方案：在湖北宜昌三斗坪镇，修建三峡大坝，挡住洪水；利用上下游的落差来发电；修建梯级船闸和垂直升船机，让船能通过高高的大坝。

三峡工程开工了

1994 年，三峡工程正式开工了。

数以万计的建设者参与了这项伟大的工程。

中国靠自己的力量，完成了一个又一个挑战。

第一个挑战是截流。修大坝，不能在水里施工，要先截断水流。长江水流量那么大，要截流，得有智慧。

工程师在江边先修导流明渠，再把要建大坝的地方围起来。江水顺着导流明渠流向下游。围起来的地方，露出了河床，正好施工！

第二个挑战是移民。三峡大坝建成蓄水，会让江面上升，淹没一些城镇。这些城镇的人，需要迁移到其他地方定居。

要离开家园，多么舍不得。但是为了三峡工程，上百万人离开故乡，开始了新生活。

第三个挑战是筑坝。三峡大坝是守护亿万生命的"盾牌"，要足够牢固才行。

终于，2006 年，三峡大坝全线建成。它有 2300 多米长，比 60 层楼还要高，有抵御特大洪水的能力！

2020 年，三峡工程完成整体竣工验收全部程序，这标志着三峡工程建设任务全面完成。

创造了水电奇迹

它真是人类水电史上的一个奇迹！

防洪，它是能手。

以前祸害百姓的洪水，在三峡大坝面前没了嚣张气焰。

发电，它是高手。

它有 34 台机组。全部工作时，一天发的电有多少呢？够约

500 万个三口之家用一个月！

　　航运，它出了很多力。

　　坐着游船，人们还能欣赏长江的风景呢。

　　让长江造福更多人的梦想实现了！

知识宝卡

. . . .

船只如何通过三峡大坝？

　　三峡水库正常蓄水时，上下游的最大落差约有 40 层楼高。船是怎么通过的呢？

　　答案是：大船"爬楼梯"，小船"乘电梯"！

　　大船怎么"爬楼梯"？

　　三峡大坝的一侧有一个五级船闸，它就像楼梯的五个台阶。

　　从下游来的船，驶入第一个"台阶"后，船闸关闭。

　　前后两个船闸和左右两侧的堤坝，围成了一个"游泳池"，而船在池中等待。

　　慢慢地，开始往"游泳池"里注水，水位升高了！

　　当水面与第二个"台阶"齐平时，前方船闸打开，船驶入第二个"台阶"……

　　就这样，船像上楼梯一样，一层层"爬"上五层台阶。整个过程，大约需要三个小时。

　　那小船怎么"乘电梯"呢？

　　大坝旁有一座 H 形的"厢式电梯"——垂直升船机。它随时恭候"乘客"到来。

　　一艘轮船，顺着水道驶进"电梯厢"。"电梯"上升！

　　轮船稳稳地升高到与上游齐平的位置，就可以驶出"电梯厢"，进入上游了。

　　整个过程，只需要大约 40 分钟，比"爬楼梯"快多了。

建水下博物馆，拯救文物

在长江的重庆涪陵段，江心有一道石梁，叫白鹤梁。

古时候，有人在上面雕刻了一些鱼的图案，记录长江枯水水位。

长江水多时，石梁被淹没在水里；长江水少时，石梁露出水面。

这石梁可真妙！

一传十，十传百，来涪陵看石梁的人越来越多。

看见江水滔滔，有人感慨万千，写诗一首；有人思念家乡，赋文一篇……

1000 多年来，白鹤梁上留下了无数诗文字迹，成了一处别致的景观。

遗憾的是，因为三峡工程建设，白鹤梁要被淹没了。

难道以后再也看不到这些文物了吗？

专家们集思广益，想到了好办法——建一座水下博物馆。这样，既能保护珍贵的石刻，又方便游客参观。

2009 年，白鹤梁水下博物馆建成了。

游客们乘坐电梯，可以到达长江水面下的博物馆。透过水下展窗，可以近距离观赏白鹤梁的石鱼和刻文。

这样逛博物馆，真是新鲜又有趣。

南水北调工程

大国重器
小档案

姓名 南水北调工程

身份 世界上规模最大的调水工程

建设时间 东线、中线的一期工程分别于 2013 年、2014 年通水，二期工程正在建设；西线工程尚未开工

本领 将南方地区丰富的水资源送到缺水的北方地区

看我的样子，你一定想不到我有多厉害。我中线的穿黄工程，让长江水从黄河肚子下穿了过去！千百年来，谁能想到，长江和黄河会有这样的故事呢？

绝无仅有的调水工程

北方缺水

中国的水资源，原本就是南方多，北方少。最近几十年，北方的水越来越少。

为了吃上水，人们把井越挖越深。

大麻烦跟着就来了！

华北平原出现了世界上最大的地下水漏斗区。在一些地区，地面缓慢下沉，河流也逐渐干涸。

就拿河北省正定县来说吧。

曾经，滹沱河正定段所经之处，水草丰茂。

可是多年前，正定县地下水位开始每年都下降半米。滹沱河的河水也越来越少，慢慢地露出了河床。

滹沱河已没有了往日的风采。

吃水遇到难题，河流变了模样，这可怎么办？

南方送水

把长江流域的水，调到北方去！

20 世纪 50 年代，中国就有了南水北调的宏大设想。经过近半个世纪的规划论证，最终确定了东、中、西三条调水线路。

2002 年，这项震撼世界的调水工程开工了。

工程规模前所未有，难度世界罕见。

丹江口水库，在长江的支流上。那里的水，甘甜清澈。

南水北调中线工程，就从这里开始。

为了让水自己流到北方，水库要加高。水涨了，周围的村庄就会沉到水底。

乡亲们卖了鸡鸭牛羊，带着桌椅板凳，依依不舍地搬离了故乡。

人们修明渠，建渡槽，挖隧洞。丹江水奔腾着，穿过山谷，跨过河流，一路北上。

过黄河时，建设者们还挑战了世界工程之最——让长江水穿过黄河。

长长的隧洞，从黄河的肚子下穿过去，一渠江水继续向北。

在建设者们的努力下，一个个"不可能"变成了"可能"。

甘甜的水

2014 年，1400 多千米长的南水北调中线一期工程通水了！这水流进了北方的千家万户。

听，人们激动地说：水是甘甜的！苦味儿、咸味儿，没有了。这水流进了北方的水库和河流。

看，滹沱河变得波光粼粼。正定的地下水位也回升了！

截至 2021 年 7 月，中线一期工程累计调水达 400 亿立方米，7900 万人受益。这水量相当于 2800 个西湖。

这么大的输水量，在人类历史上绝无仅有！

南水如何爬山过坎儿，逆流而上？

丹江口水库的水，要一路向北旅行。

想要它顺利抵达目的地，需要先为它修一条专用的"旅行通道"。

这条通道，样子和功能多样，主要分为明渠、渡槽、暗涵、隧洞等类型。

明渠：一种从地面上能看到的水渠，一般出现在广阔的田野里。丹江水唱着歌儿，从里面欢快地流过。

渡槽：遇到挡路的河流时，水槽会被高高架在空中，看起来就像高架桥。丹江水从渡槽里安心地流过。

暗涵：一种地下输水通道，从地面无法看到。穿越繁华的北京时，丹江水很低调，从暗涵里悄悄通过。

隧洞：在穿越黄河时，丹江水走的就是隧洞。它从黄河南岸进入隧洞，从黄河肚子下穿过，再从北岸流出隧洞。

光有"旅行通道"，还不行。

水往低处流，是大家都知道的小常识。在南水北调工程里，有些地方，还得让水逆流而上。

南水北调东线工程，就让水爬高了几十米！

是谁施展了逆流而上的魔法？

是泵站！泵站，就像电动吸管，一刻不停地把水吸到高处。

可是，南水北调东线一期工程，长达 1000 多千米，哪有那么厉害的吸管呢？

聪明的建设者有办法。

他们在东线建造了 13 级泵站，建成了世界上规模最大的泵站群！这样，泵站群把水一级一级地朝上吸，长江水也就实现了逆流而上！

知识宝卡

．．．

丹江口水库出现"水中大熊猫"

丹江口水库，是南水北调中线工程的水源地，有"亚洲第一大人工淡水湖"之称。

2018 年，在丹江口水库中，有人发现了许多透明水母。

它们约有一元硬币大小，和降落伞的形状差不多，在水中悠闲地游着。

这是非常罕见的桃花水母，有"水中大熊猫"的美称。

这种极度濒危的物种，对水质的要求非常高。

它们能在丹江口水库出现，说明这里的水质很好。

心灵宝卡

．．．

三峡工程、南水北调……中国的一个个水利大工程，造福人民，举世瞩目。

它们的身上，寄托着一代又一代人的梦想；它们的背后，凝聚着无数中国人的勤劳和智慧；它们代表的精神，生生不息，永远激励着我们！

第二章

气与电的万里"高速路"

人类和大自然，

好像在玩"藏宝游戏"。

人烟稀少的地方，往往藏着许多宝贵能源。

可很多需要它们的人，

却生活在离它们很远很远的地方。

修建"高速路"怎么样？

让气与电快快跑过来！

西气东输工程

姓名 西气东输工程

身份 中国距离最长的输气工程

建设时间 2002 年开工，目前仍在建设

本领 把中国西部地区开采的天然气，输送到
缺天然气的东部、东南部地区

肚子鼓鼓全是气，胖胖管子通哪里？到上海，到广西，到那缺气的地方去！

大家好，我是西气东输工程里的轮南储运站。我住在新疆，守着塔里木盆地，把这里的天然气，送到遥远的东部、东南部。
说不定，你家做饭、洗澡用的天然气，也是我输送的呢！

胖胖大管道，
万里送气忙

煤炭大哥，拜拜啦！

很久以来，煤炭都是能源界的大哥。千家万户做饭用它，冬天取暖还用它。

可是，煤炭燃烧后产生的一些物质，会污染空气。有没有清洁能源，能替代它呢？

就这样，天然气走进了人们的视野！

天然气燃烧时，几乎不排放污染物，干净环保。

然而，中国的天然气，大多藏在西部地区的盆地里。而人口众多、经济发达的东部、东南部地区，地下没有那么多天然气。

西边多气，东边缺气，要是能把西边的天然气运到东边就好了。

不过，天然气可不像萝卜、白菜，用车拉就行了。它无色无味，一不小心就逃跑了，该怎么送到东部去呢？

20 世纪 90 年代，中国有了一个大胆的计划——把西部的天然气通过专用管道输送到全国。

塔里木天然气的"心脏"

2002 年，举世瞩目的西气东输工程开工了。

轮南储运站，正是为了这个光荣的使命而诞生的！它属于西气东输一线工程，是天然气输出的首送站。

它日日夜夜守在塔里木盆地，等待接送天然气。

塔里木盆地里，钻机轰鸣，忙个不停。

深藏地下的天然气，涌了出来。

产出的天然气，都会通过管道，先送到轮南储运站。再通过它，输送到其他地方。

因此，它有了个美称——塔里木天然气的"心脏"。

长管道，铺万里

和储运站比起来，管道兄弟的责任也很重。

它们从塔里木出发，一路经过戈壁沙漠、黄土高原、太行山脉，经过黄河、长江……到达中国的东部等地区。

它们体形巨大，粗粗的管子，得两个大人手拉手才能合抱住。

它们数量众多，仅一线工程就有几十万节。

为了铺好它们，建设者们开动脑筋，想了许多办法。

山地和沙漠没有路，管道怎么铺？

开出一条路，用大卡车运来管道，再挖沟，填埋。

在滚滚黄河上，管道怎么铺？

架起管道桥，让管道顺着桥，跨过河流，继续前进。

就这样，建设者一路披荆斩棘，2004年，第一条横跨中国东西的输气管道铺好了！

天然气通过管道，奔向中部和东部等地区。

连成网，遍大地

西气东输工程完工了吗？

不，不，还有很多地方也需要天然气。

二线、三线工程，接连开工。

二线工程从新疆出发，把天然气送到广东、香港和沿途地区；三线工程从新疆出发，把天然气送到福建和沿途地区。

除了中国自己的天然气，中亚国家的天然气，也通过管道被源源不断地送到东部地区。中亚国家的人们增加了收入，中国东部地区减轻了"气荒"。这真是合作共赢啊！

能产天然气的柴达木盆地、鄂尔多斯盆地，也加入进来。

在中国大地上，越来越多的管道拉起了手，串起气田，织出一张庞大的管道网。

通过管道网，天然气昼夜不息，奔向需要它们的地方。

有了天然气这种清洁能源的助力，我们的环境会越来越美丽！

延伸阅读

中俄天然气管道，穿越国境"运气"来

俄罗斯，是中国的邻居。

中国，需要清洁的能源——天然气。中国天然气的进口量，在世界上数一数二。

俄罗斯呢，恰恰相反。它是"天然气王国"，天然气的出口量，在世界上名列前茅。

2019 年 12 月，一条神奇的管道把中国和俄罗斯更紧密地连在了一起。这就是运送天然气的输气管。

为了铺设数千千米长的输气管，建设者们打败了一个个"拦路虎"。

第一个"拦路虎"，是气温低。

在黑龙江黑河市，气温低至零下 40℃。不少大型机器冻得受不了，出了故障。

建设者们紧急定制更耐冻的零件换上，故障解除了。

第二个"拦路虎"，是天险多。

黑龙江、嫩江，纷纷拦住了去路。建设者们在水底建好隧洞，让管道穿江而过。

第三个"拦路虎"，是任务重。

要焊接的管道有几十万节，为了尽快完成任务，工程师们设计了自动焊接机。它焊得又快又好。

就这样，"拦路虎"一个个倒下，管道越建越长。

2019 年年底，管道从西伯利亚，铺到了我国的吉林。

第二年，管道延伸到了河北。接下来，它还会继续前进，最终抵达上海。

这条长长的管道，给中国和俄罗斯的经济都带来了好处。

人们说，它不仅"运气"，还给两国带来了"好运气"。

知识宝卡

....

西气东输，送到了哪里？

西气东输一线工程把新疆塔里木盆地的天然气，送到了上海和沿途省区。

二线工程从新疆霍尔果斯口岸出发，把中亚的天然气送到了广东、香港和沿途地区。

三线工程从新疆出发，把中亚和我国新疆的天然气，送到福建和沿途地区。

西电东送工程

姓名	西电东送工程
身份	全球规模最大、电压等级最高的电力输送网络
三条路线	从黄河上游到华北地区，从长江上游到华中、华东地区，从云贵地区到华南地区
建设时间	2000 年开工，目前仍在建设
本领	把中国西部地区丰富的煤炭、水能资源转化成电，送到电力紧缺的东部地区

后起之秀白鹤滩，稳坐滚滚金沙江。截住江水变出电，我是中国新名片！

大家好，我是西电东送工程中的一颗新星——白鹤滩水电站。
我是世界第二大水电站，我的本事可不小！

白鹤滩水电站，金沙江上的后起之秀

"大明星"闪亮登场

我叫白鹤滩水电站，住在金沙江上。

虽然我是西电东送家族的后起之秀，但我可厉害了！

第一，我发电能力强！

奔腾而下的金沙江，在白鹤滩这里落差很大，水量充沛，能量巨大。

我的发电能力是世界第二强，仅次于大哥三峡工程！

第二，我的"心脏"强大！

我站在江上，拦住江水。江水流入我的地下厂房，冲击水轮发电机组，把水的能量变成了电。

而水轮发电机组，就是我的"心脏"。

我有16颗大"心脏"。它们一起工作时，我一天的发电量就能让50万人用一年。

第三，我不怕裂缝搞"偷袭"！

水坝最致命的问题是裂缝。

我要挡住那么多的江水，更需要身强体壮。

建设者们给我用上了中国自主研制的新型低热水泥。

普通水泥和水相遇时，会产生较高热量，容易"被热情冲昏头脑"，凝固后容易出现裂纹。

而低热水泥和水相遇时比较"冷静"，凝固后更结实。

建设者们还在我的身上埋了大约7000支特殊的"温度计"，

随时监控我的身体状况。

就这样，经过多年建设，2021 年 6 月，我正式开始发电！

送电"高速路"

其实，在我能够发电之前，中国的西电东送工程已经建设了
20 多年。

大风、烈日、煤炭、江河，是大自然馈赠给人类的宝贝，
因为它们都能变出电！

但是，大自然却像在跟人类玩一个"藏宝游戏"。

诱人的"能源宝藏"，大部分藏在中国的西部地区。

那里地广人稀，变出的电根本用不完。

而东部和南部地区人口稠密、工厂众多，电常常不够用。

于是，人们想出了一个好办法——让西部的"能源宝藏"
变成电，通过输电"高速路"送到东部！

这就是西电东送。

2000 年，西电东送工程全面启动。

在奔流的江河上，建设者修建了水电站，用水的能量发电。
哈哈，这里面就有我哟！

在广阔的高原上，建设者架起太阳能板，用阳光的能量
发电。

在崇山峻岭间，建设者架起"电力大风车"，用风的能量
发电。

它们变成的电，由长长的输电线送向远方。

现在，上海、广东等许多地区，用上了西部地区的电。

当孩子们在明亮的灯光下看书，一家人其乐融融地看电影
时，他们大概不知道，这其中还有我的一份奉献呢！

这条电线不一般，钻进长江去送电

大多数输电线，都是被一座座高压线塔举到半空，一路延伸奔向远方。

可是，在西电东送工程里，有一条电线偏偏不走寻常路。

它要从长江江底穿过。

原来，此处长江太宽了，电线要想跨过去，得在江里架起两座巨大的线塔。

这不仅破坏长江生态，还影响过往船只通行。所以，专家提出了一个大胆的设想：让电线从江底穿过！

为了防止漏电，专家选用了一种穿着特殊"铠甲"的"超级电线"。

它不仅有坚硬的外壳，还装满了绝缘气体，非常安全。

人们只需要在江底修一条隧道，让"超级电线"穿过就行了。

这计划不错，但是测定了长江水底的土质后，专家们又犯了愁。

长江底下的土壤里含有大量的特殊气体。一旦这些气体聚集过多，就会发生爆炸。

这可怎么办？

别急，专家有办法。

他们定制了一台能防爆的挖隧道"神器"——卓越号盾构机。

它就像一条"钢铁穿山甲"，一头扎进地下，用能吞下4层楼的"大嘴巴"，"啃食"泥土和岩石，慢慢前进，丝毫不影响长江里的鱼虾和船只。

前面有卓越号当先锋，后面有大风机做辅助。

两台大风机不停地朝隧道里吹空气，不让特殊气体聚集。

2018年8月21日，在江底努力工作419天后，卓越号终于完成了任务。

这下好了，西电东送的这条电线可以穿过长江啦！

2019年9月，世界首条特高压过江综合管廊隧道工程——苏通GIL（气体绝缘输电线路）管廊工程，正式投运。

知识宝卡

特高压直流输电，中国是第一

在全球输电领域，能实现 ±500 千伏直流输电，就已经很先进了。

但是，中国完成了世界上第一个 ±800 千伏特高压直流输电工程。

这是因为，西电东送的线路特别长，路上的电力损耗非常多。

所以，想要更划算，就需要增大输电电压。

在这方面，中国起步晚，但进步快，接连攻克了多个世界级难题。

现在，中国的特高压直流输电技术领跑全球，成了闪亮的"国家名片"。

电力天路

姓名 电力天路

身份 青藏高原上，先后建设的一系列电力联网工程，创造了世界超高压电网工程海拔最高、海拔跨度最大的纪录

建设时间 多个工程分阶段建设。第一条电力天路2010年开工建设

本领 将电力送到青藏高原的千家万户、工厂企业

羊角弯弯，挂着电线，排起长队，屹立高原。我是一座高压线塔，住在青藏高原。

为了不破坏美丽景色，青藏高原上不少高压线塔，都是按照羊头的模样建造的。羊角弯弯的，是岗巴羊的模样；羊角尖尖的，是日土白绒山羊的模样。

我和伙伴们托举着输电线，组成了一条"电力天路"。

世界屋脊上的
"电力天路"

桑吉的大心愿

桑吉是西藏自治区林芝市波密县的护林员。

多年来，桑吉一家有一个大心愿：打开开关，电灯就能亮。

这还不简单？怎么成了大心愿？

原来，在西藏的偏远地区，用电并不容易。

桑吉家几年前接上了电线，但电力全靠小型水电站。到了枯水季节，电不够用，停电就成了家常便饭。

要是高原上的小电网，能连接全国的大电网就好了！

但这个连接，实在太难了。

海拔几千米的高山，要翻越一座又一座；澜沧江、怒江、雅鲁藏布江，要跨越好几次。

谁有这么大的能耐？

所以，对电的盼望，就成了青藏高原不少百姓的大心愿。

几乎不可能完成的任务

电网建设者们可没有被吓倒。

他们决心，一定要完成这个"不可能的任务"！

2017 年 4 月，藏中电力联网工程正式开工建设。

建设者们刚到高原，"拦路虎"就出来捣乱。

先来捣乱的是空气。高原上空气稀薄，快走几步人就会气喘吁吁。

天气也很难对付，前一秒晴空万里，一转眼就飞沙走石。

没关系！建设者们带着药箱，背着氧气瓶，慢慢适应了缺氧的环境和瞬息万变的天气。

很多铁塔，要建在悬崖峭壁上。这些地方，连人都很难上去，怎么让巨大的铁塔"站"上去？

有办法！他们请来专业攀岩队，先在峭壁上打好钉子，放好绳索。电网工人借助这些绳索，就能爬到施工地点。

他们把建铁塔的钢材，用运输索道一根根拉上去，再慢慢拼起来。

在平原上，一座铁塔几天就能建成；可在这儿，得花上20天。

有时，为了节省时间，建设者们就住在悬崖峭壁上，风餐露宿。

完成更大的挑战

在建设者们看来，施工还不是最难的。

最难的，是既要完成工程，又不破坏生态环境。

其实，在陡峭的山坡上建铁塔，开山炸石，造一片平地，最省事儿。

但是，这样就破坏了环境。

于是，建设者们根据地形，把一些铁塔建成了怪怪的"高低腿"。

有时，还得"舍近求远"。电网途经的米堆冰川，有着壮美的冰川景色。建设者们不能破坏冰川生态，就让线路"走远道"，躲开冰川。

建设者们还从云南请来了"动物援兵"——骡马队。有它们帮忙运物资，可以减少对植被的破坏。

2018 年 11 月 23 日，藏中电力联网工程终于竣工了。

建设者们可以放心地走了吧？

不，还有一支队伍留下了。他们在工地上撒上了草籽儿，种上了草皮。他们还要守护下去，直到这些地方变得好像没人来过一样。

"电网孤岛"也被"点亮"

西藏阿里，是我国最后一片"电网孤岛"。

2019 年 9 月，建设者们开始为阿里搭建超高压电网，让阿里和藏中电网联网。

这项工程更难了！

输电线路要翻过一座又一座雪山，穿过江河、沼泽和大片的无人区。

平日，缺氧、狂风和暴晒，就像三个"大魔王"纠缠着建设者。

到了冬天，最难熬的极寒天气来了，气温零下二三十摄氏度，冻得人伸不出手。

暴风雪还总来偷袭。暴风雪来时，十米开外什么都看不到。有一次，建设者们花了两个小时才找到路，逃出暴风雪的"魔爪"。

就是在这样艰苦的环境中，建设者们竖起了一座又一座超高压线塔。

线塔搭起的输电线路，足足有 1600 多千米。

2020 年 12 月 4 日，这条世界海拔最高、最具挑战性的"电力天路"，正式投运。

阿里接上了国家电网！

至此，中国所有的县，都告别了频繁停电的日子。

"电力天路"来了特殊巡检员

为了让"电力天路"安全稳定地运行，人们会定期给它"体检"。谁来当"医生"呢?

以前是电力巡检员。他们两人一组，遇到难走的路，还要带着设备徒步检查。

他们带的设备，有望远镜和相机。巡检员得用望远镜观察，再用相机把有问题的地方拍下来。这样巡检不仅速度慢，还容易漏掉问题。

从 2019 年起，"电力天路"就有了特殊的巡检员——无人机。

这种无人机能飞到高处，从多个角度拍摄线塔。线塔上的小问题，也能一览无余。

心灵宝卡

把西部地区丰富的资源，变成气和电，再送到东部地区。国家统筹规划，取长补短，让西部和东部地区相互合作，共同发展。

每个人也都有长处和短处。如果我们懂得团结协作，能取长补短，力量就会变大，困难就会变小!

第三章
高山之巅的奇迹铁路

修路怎能比登天还难？

城市里几天就能铺条路呀！

不，中国很大很大，

有些路注定生而不凡。

它们修在原本不可能有路的地方，

修建它们，

要面对超乎想象的困难。

青藏铁路

姓名 青藏铁路

身份 青海西宁至西藏拉萨的铁路，是世界上海拔最高、线路最长的高原铁路

建设时间 1958 年开工，2006 年 7 月 1 日全线通车

本领 改善青藏高原交通条件，帮助青海、西藏更好地发展

我是世界上离天空最近的铁路。
我足足建了近50年，直到2006年才全线通车。

要知道，在我脚下是青藏高原。它是世界上海拔最高的高原。

这里既神秘，环境又恶劣。
巍峨的雪山，让人望而却步；宽阔的河谷，让人心生退意；可怕的软泥地带，更是让人心惊胆战。
在这里修铁路，困难重重！

很多人说，没人能够在零下30℃、稍微用力就会气喘吁吁的地方，开凿隧道、架桥铺轨。
但对中国铁路建设者来说，没有不可能的事。

来，让我告诉你，聪明、勇敢的建设者们，是怎么创造这个奇迹的。

离天空最近的铁路，是背着氧气瓶修成的

一个缥缈难及的梦想

青藏高原，是一片神秘又美丽的土地。

那里有壮丽的山川、纯净的湖泊，有勤劳善良的人们。可那里海拔高、地形复杂、环境恶劣，不管想要走出来还是走进去都很难。

想要发展，就得先把路修出来。

中华人民共和国刚刚成立时，人们就想过修进藏的铁路。可那个时候，技术水平还不够，于是先修建了公路，作为进藏的主要通道。但修铁路的梦想，人们并未放弃。

1958 年，青藏铁路一期工程开工。1984 年，西宁到格尔木段交付运营。但接下来遇到了一个个大难题，比如如何在冻土上修建铁路，无论工程师怎么尝试，全都以失败告终。

一晃就是十多年。2001 年 6 月 29 日，青藏铁路格尔木到拉萨段的开工典礼，在青海格尔木和西藏拉萨同时举行。

困扰建设者们的技术难题，这次能全部解决吗？

背着氧气瓶铺铁路

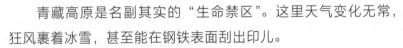

青藏高原是名副其实的"生命禁区"。这里天气变化无常，狂风裹着冰雪，甚至能在钢铁表面刮出印儿。

最糟糕的是，这里平均空气含氧量只有平原的一半多一点。来自平原的建设者到了这里，站着不动都会觉得喘不上气。在

这里，人很容易因缺氧引发高原病，甚至失去生命。更何况还要进行艰难的建设任务。

保护建设者的生命安全成了头等大事。

于是，施工装备中多了一样——氧气瓶。沿线配制氧站，还有 25 个高压氧舱。

建设者背着氧气瓶，一边吸氧一边工作。这在铁路建设中可是头一次。

光有氧气还不行，这里旷野无边，气候复杂，建设者们得了急病，到医院得花费好几个小时。医院太远？那就把医院建在身边。修建青藏铁路时，沿线不到 10 千米就建一座医院。如果有人生病，半小时内就能得到治疗。

"冰激凌" 上建铁路

近 2000 千米的青藏铁路，约有 1/3 需要穿过多年冻土区。

冬天，冻土区泥土表面冻得硬邦邦的，在上面修建铁路不太难。可到了夏天，问题来了，土地解冻，变得软绵绵的，就像快要融化的冰激凌一样。这下糟了！铺在上面的铁轨，跟着歪歪扭扭，变形了。这又是个大难题。

铁路工程师们早就做好了准备。他们花了几十年时间研究冻土。为了不让冻土在夏天捣乱，他们想出的办法可真不少。

有些路段，人们用扁扁的石片垒成路基。石片能让冻土保持"冷静"。

有些路段，他们给铁路装上"空调"。铁路两侧，插着成千上万根金属棒。它们可以调节温度，让冻土始终保持稳定。

可在一些地方，冻土实在太容易化了。也有办法，修建桥梁！把桥基牢牢打入坚实的底层土中，再把铁路修在桥上。

跨越冻土带修建铁路的世界难题也解决啦！

高原生物的生命之路

青藏高原的生态非常特殊,有许多独有的植物和动物。

这里海拔高、气温低,不管是植物还是动物,生存都非常艰难。很多人担心,在这里修建铁路会破坏生态环境。

不过,这个问题,建设者们早就想到了。在这里修建铁路,可不能闷着头只顾往前修。遇到植被时,要先把植被挪开,精心养护,等修好铁路,再尽量挪回原地。遇到珍稀鸟类繁殖地,铁路要小心翼翼地拐弯儿,绕过去。遇到藏羚羊等,要给它们留路,不影响它们迁徙。

为了保护野生动物,青藏铁路全线建了 33 个野生动物通道。这样大规模建设野生动物通道,在我国铁路建设史上还是第一次。

如果有机会,你坐着火车奔驰在青藏铁路上,还可能会看到成群的藏羚羊呢!

知识宝卡

···

青藏铁路上的列车有什么不一样?

为了解决高原反应问题,青藏铁路使用的旅客列车和一般的列车不一样。

列车里面装有供氧装置,通过空调系统让氧气散布在车厢里。

如果旅客需要更多氧气,可以随时取用座位底下的吸氧管。这种供氧装置每个座位下都有,就连走廊的墙上、车厢连接处也有。

雪山一号隧道

大国重器小档案

姓名 雪山一号隧道

所在地 青海省果洛藏族自治州玛沁县

建设时间 2013 年 7 月，施工建设；

2017 年 9 月，全面贯通

本领 在不破坏高原生态环境的情况下，帮助花久

高速公路穿越冻土层

中国用笨方法创造世界奇迹

隧道的"天敌"

青海省资源丰富。瞧，矿产藏在山里悄悄眨眼睛呢。国家规划了花久高速公路，想让这些资源出去看看。

可是很多地方山脉高耸，河流纵横，公路特别难修。

这不，阿尼玛卿雪山就挡住了必经之路。

花久高速公路想穿过雪山，就得修建隧道。听到这个消息，很多人直摇头。原来，阿尼玛卿雪山上空气稀薄，环境恶劣，被人们称作"生命禁区"。最糟糕的是，这里到处都有隧道的"天敌"——冻土。

在冻土里修隧道，容易塌方。因此，人们修隧道时，一遇到冻土，往往就会绕行。

小火炉破解大难题

如果绕行，就要修更长的路。不但会多花钱，将来旅客经过这里时，也要花更长时间。

建设者们决定挑战冻土。

可是，刚一开挖，工程就卡了壳。

温度太低，混凝土无法凝结，洞壁没法固定；温度太高，时间一长，冻土又会融化，造成塌方。

经过不断的试验，工程师们发现，只有在5℃时混凝土可以凝结，冻土又暂时不会融化，可以施工。

怎么保持5℃的恒温？工程师们想出一个笨方法：在隧道的保温

棚中放火炉。

只是，火炉多了不行，少了也不行；火炉之间的距离远了不行，近了也不行。

他们一遍一遍调整，终于把温度控制在 5℃，这样就可以施工了。

笨方法创造世界奇迹

温度难题刚解决，新的难题又来了。隧道修在山脚的话，隧道两边的山体压力相差太大，时间长了，隧道容易变形。

要解决这个问题，笨方法最稳妥。工人把冻土堆放在山脚，让隧道两侧的压力达到了平衡。

隧道海拔 4000 多米，空气稀薄。如果通风口通风不畅，工人会有生命危险。建设者再次选了笨方法：每天不停地去检查通风口。一天下来，建设者往往要走上 20 千米。

就这样，靠着一个又一个笨方法，2017 年，雪山一号隧道修通了！它是世界上海拔最高的高速公路隧道，中国又一次创造了震撼世界的奇迹！

延伸阅读

中国最难修的隧道，还有它们

3 个月涌水量能灌满西湖的隧道

云南省降水充沛，水系发达。有的山体内部，暗河密布。

大柱山看上去平淡无奇，山体内部却像个大水箱。修建大柱山隧道时，涌出的水给修建者带来了大麻烦。

人们每向前挖上几米，就会遇到一次严重的涌水。据测算，大柱山隧道的涌水量，不到 3 个月就能灌满西湖。从隧道中喷涌出的水，甚至形成了瀑布。

现在，火车只需 7 分钟，就能穿越 14.5 千米的大柱山隧道，但很少有人知道，为了这 7 分钟的畅通，建设者们足足花了 12 年时间。

会发射"子弹"的隧道

人们都说，四川阿坝州的平安隧道是一座"地质博物馆"。修隧道面临的不良地质也就几种。平安隧道却不一样，施工时地震、断层、岩爆、涌水等各种不良地质现象轮番登场，意外频频发生。

最危险的当数岩爆。这里的地层中，有一种"脾气"很糟的岩石，会发生爆裂。它们像子弹一样威力巨大，会造成人员伤亡，工程停工，危害很大。

建设者们发明了新的施工方法，成功驯服了"暴脾气"的岩石。

这下，强烈地震带、极端地质条件下特长隧道施工的技术，也被我国的建设者们掌握了。

知识宝卡

花久高速公路，边修路边种草

在花久高速公路沿途，雪山、湖泊、森林处处可见，仿佛一幅幅风景画。可高寒、高海拔地区的生态环境十分脆弱。

这不，修路要穿过一片草原，一块块草皮被建设者们铲了起来。这些草皮，由专人养护，完工后会被移植到护坡上，保护公路。

建设者们不仅移植草皮，还种草。他们挑选适合当地的草种，种在桥墩下、路基旁、弃渣场里。

建设者们的努力没有白费。如今，放眼望去，这些地方绿油油的，很漂亮。花久高速公路，成了青海省首条绿色循环低碳示范公路。

江湛铁路
全封闭声屏障

姓名　江湛铁路全封闭声屏障

身份　世界首例高速铁路拱形全封闭声屏障

建设时间　2017 年 9 月正式开工建设，12 月完工

本领　减少高速列车行驶时的噪声和震动，保护
　　　　"小鸟天堂"

嘘，小点声儿，鸟宝宝睡着了。你问我是谁啊，我是一座铁路声屏障。

有了我啊，"小鸟天堂"的 3 万多只小鸟就不用搬家了。

"小鸟天堂"旁，高铁列车驶过静悄悄

一个不速之客

声屏障是什么？

它是一个神奇的通道，高铁列车一钻进去，就会变成"静音模式"。

这个声屏障，是专门为"小鸟天堂"修建的。

"小鸟天堂"？没错！它位于广东省江门市天马河河心小岛，其实是一棵超级大的榕树。榕树的树枝上长着像胡须一样的根。

这些根叫气生根。气生根一旦垂到地面，就会钻进泥土，吸取土壤中的营养，变得越来越粗壮。

在气生根的支撑下，大榕树的树枝四处蔓延。约400年的时间，它的枝叶覆盖了整个小岛。远远望去，就像一片森林。

3万多只小鸟在大榕树上安了家。这里，成了名副其实的"小鸟天堂"。

2017年，一个不速之客——江湛铁路要路过"小鸟天堂"。人们为此很担心。

江湛铁路离"小鸟天堂"只有800米，小鸟会不会被吓走？

这里的小鸟不是候鸟，一旦被吓走了，就可能再也不会回来了。

调成"静音模式"

怎样才能把这段铁路调成"静音模式"呢？

声屏障是个不错的选择。为此，工程师们研究了两年多。

首先，要弄清小鸟的生活习惯。

小鸟喜欢去东、西、南三个方向觅食。声屏障就绕路建在北面，尽量不打扰它们。

其次，要了解江门的天气特点。夏天，江门常常有台风。风大得能刮倒房屋。为了抵挡台风，声屏障就设计成了拱形。

最后，要选择降震的材料。高铁列车的噪声主要来自震动。桥梁和桥墩之间，用上有弹性的橡胶，高铁列车路过时，震动就会减少，噪声自然也就小了。

最关键的隔音板，里面添加了特殊的纤维。它不但能把声音吸收掉，而且轻薄又结实，能用很多年！

懂礼貌的过客

一切准备就绪。声屏障却迟迟没有开工。这是怎么回事儿呢？

原来，每年的 3 月到 7 月，是小鸟们生儿育女的时间。

这可不能打扰！施工必须错开这个时间。

施工时，人们特意挑选了噪声小的设备，还设置了临时的"墙"，"拦住"施工产生的噪声。

终于完工啦！声屏障真的能把高铁列车调到"静音模式"吗？

工程师们反复进行了测试。高铁列车从声屏障穿过，只会给"小鸟天堂"增加 0.2 分贝的声音。

0.2 分贝！比一根针掉在地上的声音还要小得多！真是太棒了！

在工程师们的努力下，高铁列车不再是打扰"小鸟天堂"的不速之客，而成了一个懂礼貌的过客。

知识宝卡

....

全封闭声屏障的隐藏技能

　　江湛铁路全封闭声屏障，除了能把高铁列车调成"静音模式"，还有两个隐藏技能。

　　夜幕降临，高铁列车路过"小鸟天堂"。它的车灯特别亮，能照出很远。

　　这时，一些鸟儿已经入眠。突如其来的刺眼灯光，会吓到鸟儿们。

　　有了这道全封闭声屏障，高铁列车的灯光透不出来，鸟儿们就不会受到惊扰。

　　另一项技能是什么呢？

　　高铁列车跑得飞快，如果鸟儿正好在轨道附近，很可能出事故。

　　全封闭声屏障，就像给高铁列车罩了个壳儿，这样鸟儿就不会撞上飞驰的列车了。

心灵宝卡

....

　　在"生命禁区"修铁路，在呼吸都吃力的地方建隧道，在"小鸟天堂"修建铁路却不打扰鸟儿……一个个不可能完成的任务，变成了现实。

　　所以，当你遇到难题时，不要害怕。换个角度思考，多找办法，挑战一下，也许就能创造奇迹！

第四章

令人惊叹的中国桥梁

美丽的彩虹,

高高地挂在天空,踩在云端。

中国的大地上,

也有一道道神奇的"彩虹"。

它们跨越大海,连接山峰,

让一个个天堑变成了通途。

港珠澳大桥

小档案 · 大国重器

姓名 港珠澳大桥

身份 连接香港、珠海和澳门的全球最长跨海大桥

建设时间 2009 年 12 月正式开工建设，2018 年 10 月通车

本领 促进内地、香港、澳门三地的人员交流和经贸往来

我，是世界上最长的跨海大桥！
我创造的"世界之最"还有很多：最长的钢结构桥体、最长的海底沉管隧道……

我一头连着香港，一头连着珠海，一头连着澳门。
我最喜欢别人见到我时，发出"哇"的欢呼声。

车辆飞驰在桥上，就像离弦之箭，越过滔滔海浪；忽然，又钻进隧道，像入海潜龙，穿过深深海底……

港珠澳大桥，好棒！

大挑战

先让我们回到十几年前。

那时，中国在崇山峻岭间架桥修路，已经不在话下。

不过，要在忙碌的伶仃洋建设有桥、岛、隧道的超级工程，中国还没有经验。

当时，建海底隧道的核心技术，掌握在荷兰人手里。

中国建设者跟荷兰人谈判了几轮，也没谈拢。没办法，中国建设者提出，用 3 亿元人民币换取部分技术。

"我还是为你们唱首祝福的歌吧……"荷兰代表态度傲慢。

"走！我们走！"中国的建设者们头也不回地离开了。他们想好了，没有外国的技术支持，就自己摸索，自己来！

这是一个巨大的挑战。

大海里围"篱笆"

中国的建设者们拿出了自己的方案。

大桥全长 55 千米。其中，主体工程包括 22.9 千米桥梁和 6.7 千米海底隧道。让人称奇的是，海底隧道的两端各建造了一座人工岛。为什么要建人工岛？

每天有几千艘船穿行在伶仃洋航道。如果在航道上建桥墩，不仅会影响航行，还会导致泥沙堆积，酿成事故。最麻烦的是，航道不远处就是香港国际机场。如果这里的建筑物太高，就会影响飞行安全。

所以，为了尽可能给天上的飞机、海上的巨轮让路，港珠澳大桥就设计了一段海底隧道。岛呢，其实是隧道的出入口。

建小岛可不容易。有人说，用"抛石法"。运来大石块，在海里垒出一个岛。有人反对：不行，光运石头、扔石头，就要三年，时间太久了！有人说，像在菜园子里围篱笆墙一样，在海里围起"篱笆"，就成了岛。有人反对：海底淤泥像豆腐，篱笆能扎得牢？

工程师们日夜讨论，算啊算，画啊画……最终，方案定下来了，用上百个巨型钢铁大圆筒围成岛。

2009 年，港珠澳大桥正式开工建设。

人工岛造好了

钢铁大圆筒造好了！把圆筒竖起来，围着走一圈，得一分多钟。站在它脚下抬头看，足足有十几层楼高！用这个庞然大物造岛，运输是个大麻烦。

一次，运送大圆筒的船眼看就要到达伶仃洋，哪知半夜海上刮起了大风，大风把船吹跑了。费了好大的力气，人们才把这些大圆筒又带回伶仃洋。终于，120 个大圆筒，在伶仃洋集结完毕，插到了海底。

两座人工岛造好了！

沉管在海底安了家

接下来，就要建海底隧道了。

这也是港珠澳大桥建设中，最难攻克的难关！

为此，建设者们把附近的一座无人岛改建成沉管工厂，用来生产沉管。然后再把一节一节沉管，在海底连接起来，就成了海底隧道。

为了让沉管在海底躺得舒适、连接得牢固，建设者们还专门发明了"铺床机"。"床"，是指海底。只有海底被"铺"得平平整整，沉管才能稳稳当当地"躺"在上面。这可是难度极高的技术活儿。接着再把沉管严丝合缝地连接在一起，这样隧道就不会漏水啦！

可是，轮到标号为"E15"的沉管入水时，麻烦来了。

2014 年 11 月，"E15"入水。可是，人们发现，清理过的"床"上，又出现了厚厚的泥！这样的"床"，躺着可不稳当。没办法，"E15"只能先被拖回沉管工厂。

3 个月后，"E15"第二次安装。这次它能成功了吧？糟糕，"床"上还有泥，又失败了！

建设者们决定，再发明一个"海底吸尘器"，把"床铺"清理干净。1 个月后，"E15"终于"躺"在了整洁的"床铺"上。

就这样，经历了千难万险，攻克重重难关后，2018 年，港珠澳大桥终于建成通车了！

你说，中国建设者们化险为夷、艰苦奋斗的故事，是不是很值得喊一声"哇"？

延伸阅读

看，快乐的中华白海豚

港珠澳大桥的建设者们真了不起！

他们解决了一个又一个工程难题，还保护了中华白海豚。

在珠江的入海口，住着一群"海洋精灵"。它们就是国家一级保护动物——中华白海豚。

港珠澳大桥，要穿过白海豚的"家"。很多人担心这些可爱的"精灵"会被吓跑。

为了保护白海豚，港珠澳大桥的建设者们想了很多办法。比如，尽量少建桥墩，多用环保材料。而且，建桥的时候，只要白海豚一出现，马上就停止施工。

这样做，虽然工期变长，还多花了几十亿元，但你看，白海豚不但没有"搬家"，数量还变多了呢！

知识宝卡

港珠澳大桥，有哪些世界之最？

最长的跨海大桥

全长55千米，开车通过需要半个多小时。它是世界上最长的跨海大桥。

最长的钢结构桥体

港珠澳大桥的主梁用了42万吨钢材。这相当于10座鸟巢或60座埃菲尔铁塔的重量。

最长的海底沉管隧道

海底沉管隧道长5664米，由33节沉管和1个最终接头对接而成，是世界上最长的海底沉管隧道。

最重沉管

每节标准沉管长180米，宽37.95米，高11.4米，重约8万吨，是世界最重的沉管。

最精准"海底穿针"

几万吨重的沉管，在海底无人对接，误差控制在2厘米以内，被人们称作"海底穿针"。

北盘江大桥

姓名 北盘江大桥

身份 连接贵州省六盘水市水城区与云南省宣威市的特大桥，是世界上最高的桥

建设时间 2013 年开工建设，2016 年 12 月 29 日竣工运营

本领 方便人们出行，改善云南、贵州、四川、重庆等地与外界的交通状况

我是北盘江大桥，一只脚站在贵州省六盘水市水城区，另一只脚跨过北盘江，落在云南省宣威市。从我的桥面到江面，高度相当于200层楼。

湍急的江水从我脚下穿过，浮动的云彩在我腿边环绕。你看，我像不像一个骑在云彩上的巨人？

世界最高桥，骑在云彩上

造一座大桥

贵州省六盘水市水城区都格镇和云南省宣威市普立乡，这两个地方只隔着一条北盘江。

可这两地的居民，却要翻越 3 座山头，走 40 千米山路，才能到达对岸。

如果修一座大桥，一两分钟就穿越大江，那该多方便啊！

可是，这有点儿难。

这里环境十分恶劣。当地人常说，这里"地无三里平，天无三日晴"。在崎岖蜿蜒的山间给大桥找个落脚点，并不是件容易的事。更糟糕的是，周边的山体十分松脆，还有许多溶洞和裂缝。

大桥设计人员反复勘测，不断将桥的位置往高处移，最终定在 565 米这个令人眼晕的高度。

全身都是高科技

为了这座大桥，1000 多位工程师和工人在高山峻岭间奋战了 3 年多。

除了艰苦的付出，建造者还用上了很多"神器"。

先讲"聪明的水泥浆"。

普通水泥浆，往往需要用机器震动消除气泡。这样，水泥凝固后才够结实。

但"聪明的水泥浆"会自己流动，自动消除气泡。它在大桥的"钢筋铁骨"上流动、包裹，让大桥有了健壮的"肌肉"。

还有神奇的"贴身医生"。它们是一台台精密的仪器，"佩戴"在大桥身上。一旦大桥某个"器官"出现"疾病"。这些仪器就能"自动诊断"，然后报告给人们。

为什么贵州大桥这么多？

北盘江大桥的高度世界第一。它还有很多"兄弟姐妹"，它们组成了"中国桥梁"大家庭。全世界排名前一百的高桥，绝大多数来自中国，近一半在贵州。

为什么贵州要建造那么多的大桥呢？

原来，在贵州，高原、山地、丘陵、盆地是主要地貌。要跨越这些障碍，只能修隧道或者建桥。

和隧道相比，建桥花钱更少，花费的时间更短，运营起来也更安全。所以，一座座桥梁，成了贵州一道道独特的风景。

知识宝卡

中国造桥，世界第一

中国拥有世界上最先进的建桥技术。

世界上最高的 10 座大桥，有 8 座在中国。国际上的桥梁大奖，中国拿过很多。在 2020 年国际桥梁大会设置的 7 项桥梁大奖中，中国拿了 6 项。

中国桥梁为什么这么厉害？

中国幅员辽阔，地形复杂。一般来说，偏远的地方比较贫困。越是穷困和艰险的地方，越要修路架桥。交通便利了，那里的人们才会富裕起来。

所以，中国的大桥越建越多，建桥本领也"练"得越来越高强。

平潭海峡公铁大桥

姓名 平潭海峡公铁大桥

身份 世界最长、中国首座跨海峡公铁两用大桥

建设时间 2013 年 11 月动工建设，2019 年 9 月全桥贯通，2020 年 12 月全面通车

本领 连接福建省福州市长乐区与平潭县，既能跑汽车又能跑火车，方便人们出行，促进经济和社会发展

我是平潭海峡公铁大桥，站在海坛海峡。

这个海峡可不一般，它是世界三大风暴海域之一，风大、浪高、石硬，全年有200多天刮7级以上的风。

许多人说，这里是"建桥禁区"，不可能有人在这里建成大桥。你一定很好奇，我到底是怎样建成的吧？

平潭海峡公铁大桥，打败了三只"大怪兽"

"怪兽"不好惹

在海坛海峡建桥，可没那么容易。那里藏着三只"大怪兽"！

一听说建桥，它们跳着脚直嚷嚷：想都别想！

"硬石怪"潜伏在岸边的浅滩上，比钢铁还要硬。这不，第一根钢管桩刚打进去就变形了。这可怎么办？

"巨浪怪"在海中横冲直撞，它的冲击力相当于5辆大卡车一起撞过来。在它的疯狂撞击下，大桥能站稳吗？

海里有"怪兽"，天上也有。"大风怪"精力充沛，折腾个不停。建桥部件总是被吹跑，还怎么修建大桥？

三只"怪兽"本领这么大，谁见了都躲着走。但大桥的工程师，想出了对付三只"怪兽"的办法。

工程师有办法

对付"硬石怪"，不能和它硬碰硬。

工程师用钢管桩搭成一个个巨大的"板凳"，用混凝土做"胶水"，把它们牢牢地粘在岩石上。

在"板凳"上搭建平台，进行大桥的施工安装，平稳又安全。

对付"巨浪怪"，工程师请来了"定海神针"。支撑大桥的水泥桩被设计得特别粗壮。

这些水泥桩，深深地扎进海底。有了它们的支撑，浪再大，大桥也不怕。

对付"大风怪"，工程师也想出了好办法。建桥部件容易被风吹走，工人就在岸上，把它们像堆积木一样组装好，再运到海上。

组装好的部件特别重，确实不怕大风了，但怎么把它们吊起来呢？

工程师又想出了新办法。他们花了三年时间，造出了大桥海鸥号起重船。它能把 900 头成年大象那么重的东西一口气送到 39 层楼那么高。

有"海鸥"来帮忙，"大风怪"也被打败了。

大桥很有用

就这样，经过几年艰苦的努力，大桥终于贯通了。

它是中国第一座既能跑汽车，又能跑火车的跨海峡大桥，也是世界上同类大桥中最长的。

在和"怪兽"们的较量中，大桥锻炼出了强健的"体魄"。即使遇到 10 级大风，它也能保证汽车和火车在桥上行驶。

福平铁路将从这里经过。从平潭到福州，以前需要两个半小时，现在只要半小时就到了。

知识宝卡

建桥利器大桥海鸥号

大桥海鸥号起重船，是为平潭海峡公铁大桥量身打造的。

它是中国起重量最大、起升高度最高的双臂架起重船。为了研制它，人们花了 3 年时间。

它红白相间，在蔚蓝海洋的映衬下，显得格外漂亮。

它的"铁臂"强壮有力。3000 多吨的桥梁构件，它能轻松举起，平稳地放在桥墩上。

不光力气大，"海鸥"还很智能。

方圆 1 千米左右，如果有船只靠近，它会发出信号，提醒避让。如果刮起 7 级以上的风，它会发出警报，停止施工。

大桥海鸥号，真不愧是建桥利器！

将军澳大桥

姓名 将军澳大桥

身份 中国第一座在车间里长大的桥

建设时间 2018 年年底动工，2022 年 5 月全线贯通

本领 连接将军澳的东岸和西岸

你看，我有两片美丽的"翅膀"，像不像一只蝴蝶？

哈哈，其实我的重量相当于 2000 头成年大象。但我也可以和蝴蝶一样轻盈，一夜之间，就能"飞"上高高的桥墩。

你猜，工程师们用了什么魔法？

2021 年年初的一个早晨，住在香港将军澳岸边的居民推开窗一看，都惊呆了！

天哪！一夜之间，海上多了一只"大蝴蝶"。它的"翅膀"是用钢铁做成的，有 200 多米长，十几层楼那么高。

奇怪，头天晚上，海里的桥墩上还是空荡荡的。是谁施展魔法，变出了这个庞然大物？

"大蝴蝶"其实是一段桥体。它是香港将军澳跨海大桥的一部分。

它出生在 1600 千米外的江苏南通。它是怎么"飞"来香港的？想不到吧，它是坐船来的。

经过 8 天航行，"大蝴蝶"到了将军澳。

可是，看着一排排桥墩，"大蝴蝶"的心又揪起来了。

自己有 1 万多吨重，怎么"飞"上桥墩呢？

工程师一点儿都不担心，原来他们摸透了潮水的脾气，准备让它帮忙。

2021 年 2 月 26 日一大早，工作人员就忙活了起来。

他们将运输船开到桥墩旁。几个小时后，涨潮了！载着"大蝴蝶"的运输船，被高高托起。

在千斤顶等工具的帮助下，"大蝴蝶"轻轻落下，稳稳地停在了桥墩上。

成功了！

知识宝卡

小渔村大变身

香港有个海湾，叫将军澳。

在汉语词典里，"澳"可指海边弯曲可以停船的地方。

很久以前，渔民打鱼归来，就把小船停在将军澳。慢慢地，那里形成了很多小渔村。

几十年前，人们在将军澳填海，有了更多的土地。

后来去将军澳的人越来越多，小渔村也变成了欣欣向荣的市镇。

为了让交通更便利，人们修建了将军澳大桥。

2022年5月，将军澳大桥全线贯通。

心灵宝卡

最高的桥，最长的跨海大桥……桥梁建设者们不断突破，把一座座中国大桥，变成了世界级明星。他们用汗水和智慧，创造出"天堑变通途"的奇迹，让人们的出行更便利。

中国的桥梁建设者们，你们真了不起！

第五章
城市设计，让生活更便捷

未来的城市什么样？

也许有随处可见的机器人，

绿意盎然的森林花园，

还有繁忙有序的交通……

未来的中国什么样？

一定是世界上

最现代、最美丽、最梦幻的地方！

未来还没来，

但我们现在

已经能想象出未来的样子。

让我们为它奋斗吧！

河北雄安新区

姓名　河北雄安新区

身份　继深圳经济特区和上海浦东新区之后又一具有全国意义的新区，是千年大计、国家大事

建设时间　2017 年 3 月 28 日，中共中央、国务院发出通知，决定设立河北雄安新区

本领　帮助疏解北京非首都功能，调整优化京津冀城市布局和空间结构，培育创新驱动发展新引擎

我是雄安站，亚洲最大的高铁站。雄安新区塔吊林立，卡车穿梭，建设者们每天都在辛勤地忙碌着。

人们说雄安新区是未来之城。区块链、大数据、云计算、物联网等技术都将为雄安新区增光添彩。当然，和年少的你一样，雄安新区也在努力成长呢！

大国重器小档案

雄安新区，非同凡响的未来之城！

"雄安新区"来了

2017年3月28日，中共中央、国务院发出通知，决定设立雄安新区。

由于城市快速发展，北京患上了"大城市病"，现在已经"超胖"了。"雄安新区"就是帮北京"减肥"的。雄安新区离北京近，北京的一些高校和单位可以搬到这里。这样，北京就没那么"挤"啦！

而"瘦身"后的北京，也可以轻松地大步朝前走。

千年大计

这个消息像长了翅膀一样，传遍了神州大地。一时间，人们都在热火朝天地谈论。

"这是国家的千年大计！""太棒了！雄安新区，要建成一座绿色环保、风光优美、非常现代化的世界级大城市！"人们的话语里，都是热切的盼望。

造林治水

这里发生的事情，件件都非同凡响。

第一件大事，是种树。一些地方植树造林，要求整齐划一。可雄安新区不要求整齐，还特意把大小树苗、不同的树种，混着种在一起。

原来，雄安新区想造的，是真正的森林。不同的树种在一起，通过自然的优胜劣汰才能最终变为浑然天成的大森林。

这座森林叫"千年秀林"，上千万棵树已经在这里安了家。现在，满眼的绿色，一眼望不到头。

第二件大事，是治水。这里本来不缺水，华北平原最大的湿地白洋淀就在雄安新区。只是污染太严重，白洋淀不仅越来越脏，水也越来越少。

怎么办？雄安新区关闭了污染企业，引来清水，让白洋淀焕发了生机。

瞧，这里的鸟儿越来越多，连濒危的青头潜鸭也来安了家。

未来之城

中国打算把雄安新区建成"未来之城"，成为新时代城市的新样板。

上千位专家学者，一起出谋划策。从 2018 年到 2035 年，雄安新区应该怎么建设，都写到了规划里。

几年来，雄安新区的建设如火如荼，城市面貌日新月异。

会展中心、五星级酒店、写字楼，一个个翘首期盼，等着大展身手。

人们出门，可以享受智能交通服务。打开手机应用，去哪儿不堵车、会消耗多少卡路里，一目了然。在雄安新区市民服务中心，想乘坐无人驾驶巴士，用手机就能"召唤"过来，非常方便。无人包裹接驳车、无人零售车、无人清扫车、巡逻机器人，也走上了街头。

不但城市地面充满智慧，雄安新区的地下设施也很智能。四通八达的地下综合管廊，井然有序。

这一层，是物流通道。无人驾驶物流车穿梭往来，送货又快又好。最宽的地方，能让 6 台大货车并排行驶。

那一层，有能源、电力、通信、供水等管道。今后，人们不用给马路"开膛破肚"，就能进行维修。

在雄安新区，几乎所有政务服务都将实现足不出户网上办理。

专为学生设计的路：学道

城市里什么地方最堵？也许你深有感触，我们学校门口天天堵！

在未来的雄安新区，这样的情况可能不会存在。

雄安新区的城市道路，将留出专门供学生上学行走的学道。从居住小区到学校，一路都能避开机动车，学生可以自己上学。

这样的上学路，不仅避免了车辆拥堵，还安全多了！

知识宝卡

雄安站：亚洲最大的高铁站

2020年12月，雄安站投入使用。

它是亚洲最大的高铁站。总建筑面积40多万平方米，相当于6个北京站的总建筑面积。

候车大厅十分宽敞，面积超过2万平方米。神奇的是，候车大厅无须一根立柱支撑。

原来，建设者用400根巨型钢梁巧妙组合，建成了候车大厅。这样可以少用钢材，更好地利用空间。

雄安站不光大，还很美。车站毗邻白洋淀，采用荷叶露珠状的设计，寓意"清泉源头，风吹涟漪"，和雄安新区的水文化很契合呢！

上海中心大厦

姓名　上海中心大厦

身份　目前已建成项目中中国第一、世界第二高楼

层数　地上 127 层，地下 5 层

本领　绿色环保，大幅节能，成为"全球最高绿色建筑"

我是上海中心大厦！

在中国，我是第一高楼，但我最想说的，不是我的身高。我身上藏着许多秘密，它们才是我最骄傲的地方！

上海中心大厦，站在"沙滩"上的"绿大个儿"

大个子得有大脚板

位于上海浦东的上海中心大厦，建筑总高度 632 米，是中国第一高楼。

即使在世界上，它的高度也排名很靠前，是名副其实的大个子。

可你知道吗？这个大个子脚下，既不是稳定的土壤，也不是结实的岩石，而是一片沙滩。

原来，在几千年前，长江带来泥沙，形成了陆地。再后来，人们在这里建起了一座城市，就是上海。

上海的地底下，不少地方都是吸满了水的沙子。

如果你去过沙滩，一定知道，走在沙子上，深一脚浅一脚，还特别容易摔上一跤。

上海中心大厦又高又重，想在"沙滩"站稳还不陷进去，更难。

建筑师算来算去，得出结论：大个子得有个大脚板。

建筑工人打下足足 955 根又长又粗的基桩，再浇上混凝土。这下，大个子的"脚"足足有 1.6 个标准足球场大小，厚度有两层楼高。

有了这么个大脚板，大个子站得稳稳当当。

大个子扭一扭

虽然大楼很高，但远远看去，你会发现，大个子并不是规规矩矩、直上直下的大楼。

它微微扭转，螺旋上升。

难道，大个子在偷偷跳舞吗？

并不是，这是建筑师给大个子精心设计的姿势。

原来，上海经常刮大风。在高空，大风更是力大无比，肆无忌惮。

它们喜欢恶作剧，拽着大楼摇晃。这可太危险了。

除了拥有结实的骨架，建筑师让大个子每一层都扭曲近 1 度。

这样，撞上来的大风，就像碰上了马路上的缓冲带，必须减速。

玻璃幕墙也来帮忙。它们排兵布阵，形成导风槽。风擦肩而过，很难扯住大个子的衣角。

这下，就算 15 级台风来了，大个子也不怕。

世界最高绿色建筑

不光不怕大风，大个子还要让风来帮忙。

在大个子身上，装着 270 台风力发电机。路过的风，每年能送来约 119 万度电。

能用风，也能用雨。在大个子"脑袋"上，有雨水收集装置。

这些雨水，可以用来浇灌花木、打扫卫生。一年省下的水，能装满 250 个标准游泳池。

大个子的"外衣"里同样藏着秘密。玻璃幕墙是双层的，像保温瓶一样，外面一层，里面一层。夏天空调的凉风和冬天的暖气，再也不会白白散到外面去了，消耗的能源大大减少。

告诉你吧，大个子身上藏着 19 种绿色技术，一年能节省 1/4 的能源费用。所以，它是世界最高的绿色建筑。

有机会参观的话，你不妨试一试，把大个子身上使用绿色技术的地方找出来吧。

知识宝卡

························

镇楼神器："上海慧眼"

想要不怕大风，除了建筑上的特别设计外，大楼往往还需要阻尼器的帮忙。

阻尼器又大又沉，一般安放在接近顶层的位置。

每当刮起大风，大楼晃动时，楼顶的阻尼器就发挥作用了。

它先通过探测装置，掌握风力情况和大楼的摇晃程度。

然后，它调动庞大、沉重的身躯，往相反的方向运动，抵消掉让大楼晃动的力，让大楼稳定下来。

上海中心大厦的阻尼器，叫"上海慧眼"。它住在大厦的第 125 层，重达 1000 吨，相当于 200 头成年大象的重量，是个真正的镇楼神器。

北京大兴
国际机场

大国重器
小档案

姓名 北京大兴国际机场

身份 世界最大的减隔震建筑、世界首个实现高铁下穿的航站楼，
一座未来年旅客吞吐量达 1 亿人次的超大型国际枢纽机场

建设时间 2014 年 12 月开工建设，2019 年 9 月投入运营

本领 服务成千上万旅客出行，帮助货物快速流通

我知道，建造前大家就对我充满期待。是啊，看图纸就知道，我又大又漂亮。

一开始，我还是挺紧张的。因为我可不是一座普通的机场，将来我还要当世界第一呢！

北京大兴国际机场，要做世界上最棒的机场

重要的机场

2014 年年底，北京大兴国际机场开工建设。

但是，北京大兴国际机场却提不起劲儿。要知道，北京首都国际机场就在 60 多千米外。有它在，自己会不会太多余？

听说了北京大兴国际机场的烦恼，北京首都国际机场笑了："你可不多余，我都忙得快要喘不上气儿了。"

原来，北京首都国际机场接待的旅客太多了。每天，它都要从早上 6 点忙到夜里 12 点。即便这样，还有不少航班排不进来。

"你建成之后，我们一起努力，就能接待更多的旅客啦。"

北京大兴国际机场眼前一亮："原来我这么重要！"

2019 年 6 月，北京大兴国际机场的航站楼建好了。

它兴奋极了："我的航站楼是世界最大的！我已经很棒了吧？"

建设者们摆摆手："光是大还不行，你还要成为世界上最方便的机场。"

智慧的机场

北京大兴国际机场发现，自己真的多了一项又一项本领。

戴着 AR 眼镜的机场地服人员，能准确地叫出旅客的名字，说出他们要乘坐的航班号。原来，旅客在办理登机手续时，相关信息就传到了机场的网络系统。这样一来，旅客从安检到登

机，都可以"刷脸"，特别节省时间。

取行李时，旅客往往很着急。而在北京大兴国际机场，打开手机软件，旅客就能看到行李还有多久送到，一目了然。

停车也很方便。旅客只要把车停到指定位置，机器人就会跑过来帮忙。它长得有点儿像大螃蟹，很健壮。它会像叉车一样，把车"抱"起来，将车送到停车位上。旅客根本不需要四处找停车位。

作为世界上最先进的机场之一，北京大兴国际机场抗震的本事也很强。

航站楼的下面铺着一层"橡胶垫"。"橡胶垫"由 1000 多个橡胶隔震支座组成。这样，整个航站楼不是戳在硬硬的地上，而是支在软软的"橡胶垫"上。这叫作减隔震技术，很多国家把这种技术用在重要建筑上。

北京大兴国际机场航站楼，是目前世界上最大的减隔震建筑。

成长的机场

2019 年 9 月，北京大兴国际机场通航了。

见到它，人们都会惊叹：看，它像金色的钢铁"凤凰"，可真神气！它受到了全世界的关注，许多航空公司都安排航班，从这里起降。

尽管它又大又厉害，但它毕竟是个新手。刚刚开始工作，它接待旅客的能力还赶不上北京首都国际机场。

"我会继续努力！"北京大兴国际机场很有信心。

知识宝卡

海上要"长"出大机场

近年来，在辽宁省大连市金州湾海域，一座小岛正在悄悄成长。

这是一座长方形人工岛，面积20多平方千米。

虽然个头不太大，但它肩负着一个重要使命。

在它的上面，将要建设世界上最大的海上国际机场。这座机场，将能起降各种大型飞机。世界上最大的民航客机——空客A380，也可以来做客呢！

心灵宝卡

不管是国家的千年大计，还是你脑瓜中的小梦想，想实现它，都需要做好规划。

哪些方面最重要、哪件事情最紧急，先做什么、后干什么……有了规划，就不会手忙脚乱、顾此失彼。

第六章
功能多样的海上大工程

大海边，

竟然有会"魔法"的码头？

大海里，

竟然有巨大的"海洋牧场"？

当然了！

中国的万里海疆，

不仅有丰富的海洋资源，

也有了不起的超级工程！

洋山深水港四期自动化码头

姓名　洋山深水港四期自动化码头

身份　全球规模最大的全自动化集装箱码头

建设时间　2014 年年底开工，2017 年 12 月 10 日开港
试运营

本领　装卸集装箱，效率世界领先

我是一座聪明的码头。

每天，我都会迎来许多货轮。它们一靠岸，我就要大显身手了！别看码头上没什么人，装货、卸货却能自动进行。哈哈，我就是魔法师！

它会"魔法"，是码头中的"珠穆朗玛峰"

会"魔法"的码头

洋山港四期码头形状像一艘巨轮，面积有 300 多个足球场那么大。它平时看上去没什么特别。

可是，一旦集装箱货轮驶进港口，神奇的"魔法"便开始了。

第一个出场的，是站在岸边的桥吊。它有十几层楼高，像个巨型机器人。只见它伸出一条巨臂，牢牢抓起一个集装箱。守在一旁的蓝色自动导引车，接过集装箱，奔跑了起来。前进、转弯、刹车……只用两三分钟，它就到达了指定位置。长得像足球球门一样的轨道吊车，早已等在那里。它像搭积木一样，把一个个集装箱堆成一座座"小山"。

神奇吧！到底是谁给它们施了"魔法"？

"魔法"全是高科技

施"魔法"的，是一个个高科技"神器"。

先是智能软件。它让码头有了一颗"智慧大脑"。在它的"指挥"下，码头上的设备会自动装卸，运送货物。坐在中央控制室的工作人员，只需要动一动鼠标就能让整个码头忙碌起来。

然后，是埋在地下的六万多枚磁钉。它们给自动导引车当"眼睛"。这样，自动导引车就能通过感应认路、躲避障碍物，还会寻找空位，把货物放在最合适的地方。

最后，是清洁能源。它让码头有了一颗"绿色心脏"。集装箱起重机、自动导引车的"食物"都是电。它们既不排放尾气，也不发出大的噪声，还会自己跑到充电站去"吃饭"。

全球最聪明的码头

高科技"魔法"，让码头工作人员更轻松，工作效率更高。码头上的每台设备都成了"劳动模范"。它们能一天到晚不停地工作，装卸货物更快更多。

最让人自豪的是，这些高科技"神器"都是由中国人自己研发和制造的。

不断创造新纪录

2017年12月10日，洋山港四期码头一启用就吸引了全球的目光。人们说，它是码头中的"珠穆朗玛峰"，代表着全球智能码头的最高水平。

2021年6月，它每天接收和送出的集装箱，达到了2万多箱，打破了自己创下的最高纪录！不过，洋山港四期码头还在继续成长。让我们一起期待吧！

知识宝卡
....

"魔法码头"被"复制"到了以色列

2021年9月，以色列的海法新港正式运营。

它是以色列60年来的第一座新码头，也是地中海沿岸最先进、最绿色、建设速度最快的码头。

咦？这座码头的桥吊、轨道吊颜色跟"魔法码头"洋山港四期码头一模一样；它的建设标准、运营模式，也像是"魔法码头"的翻版。

原来，这座港口由中国企业建设和运营。中国企业把"魔法码头""复制"到了这里。

海法新港，是"一带一路"沿线重要的节点港口，将在国际航运版图中占据重要地位。

长兴造船基地

姓名 长兴造船基地

身份 中国规模最大的造船基地

建设时间 一期工程 2005 年开工建设，
二期工程 2021 年开工建设

本领 建造超大型油船、集装箱船等
海洋装备

以前，岛上盛产柑橘。如今，岛上盛产"海洋装备"。这呀，得从搬到我这儿的江南造船厂说起。

我是一座小岛，名叫长兴岛。我的三面临着长江，一面临着大海。

"海洋装备岛"，像生产香肠一样制造巨轮

百年造船厂的大难题

江南造船厂，大名鼎鼎。

清代时，它叫江南机器制造总局。

100多年来，它为中国制造出第一支步枪、第一门钢炮、第一代航天测量船等许多"中国第一"。

不过，20世纪末，百年船厂却遇到了大难题——没法生产巨轮。

当时，江南造船厂在黄浦江上造船。

可是，黄浦江的水不够深，一旦制造巨轮，轮船就会碰到江底；江上还有两座大桥，块头大的轮船想从桥下过去都困难。

得天独厚的造船宝地

很快，上海的长兴岛引起了人们的注意。长兴岛三面临江，一面临海，水很深，常年不淤堵、不结冰，是得天独厚的造船宝地！

2005年，长兴造船基地一期工程开工建设。

江南造船厂搬到了岛上。大大小小的造船厂也来了。

无论是超大型邮轮、大型集装箱船、大型液化天然气船，还是海上石油钻井平台、超大型豪华游轮，长兴岛都能造得出来。

有人说，这简直就像在"生产香肠一样制造巨轮"！

于是，长兴岛就成了当之无愧的"海洋装备岛"，中国规模最大的造船基地。

更快更智能

2021 年，长兴造船基地二期工程开工了。

工地上，来了很多先进的施工设备，工程建设的速度更快了。

造船基地毗邻大海，地面上要承载成千上万吨的钢铁设施。钢铁太重，可能会造成地面沉降。十分危险！

这就要用到大型履带式强夯机了。它能让土地更结实，干活儿还特别快。

它的机械臂能把几吨到几十吨重的金属块吊到半空，一"松手"，金属块会重重地砸到地面上。

一通"重拳"出击后，地面被夯得结结实实。

二期工程的造船技术也更先进。

在船舶的设计上，它更加智能化，又好又快；在制造船舶时，它更加自动化，节省了大量的人力。它还使用了大数据管理，注重环保，能节省原材料，造船速度也更快。

5G+ 互联网派工、机器人焊接等技术，也会出现在这里。

长兴造船基地，正在变成世界级海洋装备产业高地。

知识宝卡

·······················

船坞是干什么的？

船坞，是造船的重要场地。

造船时，先在船坞把船造好，再放水进来；船浮起，打开船闸，放船出去。

修船时，恰恰相反，把船引入船坞，关闭船闸；把船坞的水排干净，工人再进去进行修理。

也就是说，想造出大轮船，必须要有又大又深的船坞。

长兴岛最长的 1 号船坞，总长度达到 660 米，主要用来生产世界上最大型的集装箱船。

这些大家伙，往往比航母还要大呢！

华能如东
海上风电场

姓名　华能如东海上风电场

身份　目前中国规模最大、国产化最高的海上风电场

建设时间　2017 年，一期建成；2021 年，二期建成

本领　让上百万户家庭用上清洁电力

看我的样子，像不像一个大风车？

我的本事可大了，我站在大海里，专门收集大风，用大风变出电。

猜出来了吧？我就是大名鼎鼎的海上风力发电机。

海上大风车，发电本领强

电从海上来

风力发电非常环保，而且风能取之不尽，用之不竭。

草原、高原、山区和大海上，很适合建风力发电场。

世界各国都重视风力发电。中国的风电装机规模连续十多年都是世界第一。

2021 年，中国的海上风电装机规模也成了世界第一。那么，中国规模最大的海上发电场，在哪儿呢？

江苏省如东县，是大海的邻居。来自黄海的海风，是个勤快的客人，几乎天天来拜访。

这让如东的海边，成了风力发电的好地方。这不，华能如东海上风电场就建在这里。它是中国规模最大的海上发电场。

它有 170 平方千米，相当于 28 个西湖的大小。150 台大风车，是风力发电的主力。它们迎风旋转，把风变成电，送到千家万户。

国产大风车

大风车可真大呀！

它有 3 个叶片。一个叶片就有 9 间教室那么长，5 头成年大象那么重。

想让这些叶片安全高效地工作，可不是件容易的事儿。

国产碳纤维，让 3 个叶片的重量足足少了 6 吨。国产轴承，像灵活又坚固的关节支撑着叶片转动。

大风车立在海上，想让它们听话，当然也少不了中国自主研发的控制系统。

发电本领强

别说，国产大风车转起来，能量着实惊人！

大风车旋转时的扫风面积，比 3 个足球场还大。它旋转 1 小时，能满足一个家庭 2 年的用电量。

2021 年，华能如东海上风电场正式发电。

这么大一个风力发电场，每年会帮人类节约多少煤炭呢？答案是 55 万吨！

知识宝卡

海上大风车，离不开"好朋友"的帮忙

2021 年 7 月，一个大家伙在江苏如东海域"安了家"。

它有足球场那么大，15 层楼那么高，体重超过了 2 万吨！

这就是海上大风车的好朋友——三峡如东海上换流站。它是世界最大、亚洲首座海上换流站。

它有什么用呢？

其实，大风车生产出来的电不能直接用，要经过转换才能输送到需要它的地方。

普通的输电技术，只适合收集近海大风车的电。一旦大风车离海岸太远，转换和输送时会产生不少损耗。

而三峡如东海上换流站，有世界上最先进的输电技术。它能和远海大风车"交朋友"，在转换和输送电时，损耗更低。

就这样，清洁的风电通过海上换流站被送到了千家万户。

烟台"百箱计划"海洋牧场

姓名 烟台"百箱计划"海洋牧场

身份 亚洲最大的海洋渔业规模化养殖基地

建设时间 2020 年启动

本领 自动化高效养殖海产品

> 大家好，我和兄弟姐妹们住在烟台附近的大海里。

> 我们的个头儿不一，长相不同，但我们有个共同的使命——养鱼养虾。
>
> 听说，在中国长长的海岸线上，遍布我的同伴呢！

在大海里放牧，听起来是不是不可思议？其实，在中国的沿海，有不少"海洋牧场"。"牧场"里，有数不清的网箱，住着鱼、海参、鲍鱼等海洋动物。它们就像一座座"海上粮仓"，能给人们提供各种海产品。

2020年，山东省烟台市启动了"百箱计划"，要在长岛附近海域，陆续投放100个网箱，建成亚洲最大、最先进的"海洋牧场"。

2021年5月，亚洲最大的深海智能网箱——经海001号，在长岛附近入海了。它空间宽敞，约有11个篮球场那么大，13层楼那么高，鱼虾能在里面自由生长。它非常聪明，能给鱼虾自动喂食；能通过智能识别，找出生病的鱼；能派出洗网机器人清理网箱……

等"百箱计划"完成后，烟台每年能多收大约10万吨鱼呢！

延伸阅读

大海里，鱼虾住进各种各样的家

"海洋城市"

在海南省临高县的海面上，漂浮着3000多个网箱——它们是鱼儿的家。它们排列得整整齐齐，就像一栋栋整齐的房屋，组成了一座"海洋城市"。这就是亚洲最大的深水网箱养殖基地。

"六居室别墅"

在山东省烟台市大钦岛附近，蓝色的海洋里坐落着赫赫有名的长鲸一号。

它是个巨型网箱，有两三个篮球场那么大，十几层楼高。它能抗大风大浪，还能保护鱼儿不被其他海洋动物吃掉。它的"肚子"里有6个"房间"，黄鱼、黑鱼等不同种类的鱼能同时住在里面。

鲍鱼的"电梯房"

在福建沿海，漂浮着一座3个篮球场大的海上平台。

它是全国最大的深远海鲍鱼养殖平台——福鲍一号。

平台上一个个带孔的小箱子，就是鲍鱼的家。上万头鲍鱼住在这里。

工作人员一按按钮，一个个小箱子就像坐着电梯，进入海中；再一按按钮又回到了平台上。工作人员站在平台上，就能放养、观察和收获鲍鱼。

这个聪明的平台，既能自己发电，还能监测鲍鱼生活环境、给鲍鱼喂食。

"可移动的家"

在大海里，有一种养殖工船，是鱼儿们"可移动的家"。

全球第一艘10万吨级智慧渔业大型养殖工船——国信1号，在山东青岛建造。它拖着大大的网箱，网箱里面就是鱼儿们的家。既然是船，它"搬家"就很方便。

台风来了，赶紧避开；夏天热了，把船开到北方；冬天冷了，把船开到南方。大大的船，拖着网箱里的鱼儿，专找舒适的地方住。

知识宝卡

经海 001 号怎么收鱼？

2021 年 12 月，经海 001 号首次提网收鱼。第一批黑鲪鱼，收了多少？ 20 吨！

经海 001 号上的起降机，忙个不停。它把一个个装满鱼儿的大网兜，放到运输船上。很快，这些鱼就会被摆上人们的餐桌。

经海 001 号养的鱼怎么样？

经海 001 号网箱很深，鱼儿可以在深水层生活。那里水流快，鱼儿的活动量也大。所以它们的肉质、味道和野生黑鲪鱼一样好！

心灵宝卡

从陆地到海洋，中国的超级工程无处不在。它们体现了国家的综合实力，也承载了中华民族自强不息、艰苦奋斗的精神。

追寻梦想，没有平坦的大道。只有不畏艰苦的人，才能披荆斩棘，勇往直前。